АГ469662

BIBLIOTHÈQUE DE SYNTHESE SCIENTIFIQUE
publiée sous la direction de M. Louis ROUGIER

8° R
30675

PAUL LANGEVIN
Professeur de Physique expérimentale
au Collège de France.

3795

LE PRINCIPE DE RELATIVITÉ

RÉIMPRESSION DE LA CONFÉRENCE
FAITE A LA SOCIÉTÉ DES ÉLECTRICIENS
EN DÉCEMBRE 1919

11. 2
1400

PARIS
ETIENNE CHIRON, Éditeur
40, Rue de Seine
1922

A la même Librairie

Marcel BOLL

Attardés et Précurseurs

*— Propos objectifs
sur la métaphysique et sur la philosophie
de ce temps et de ce pays —*

Que penser d'Henri Bergson? Que penser d'Emile Boutroux? Quel est le retentissement des récents progrès scientifiques dans le domaine des idées générales? Problèmes que ne peut éviter aucun esprit cultivé.

La réponse nous en est donnée par un auteur qui n'est pas que philosophe, très au courant de la science actuelle tant physicochimique que psychologique. Le sérieux, l'objectivité avec lesquels Marcel Boll traite son sujet n'exclut pas une forme souvent badine, parfois mordante. Il passe en revue les doctrines qui avaient satisfait les générations précédentes et recherche ce qui en restera debout, sous la poussée des nouvelles découvertes théoriques. C'est par l'union d'une science toujours plus profonde et d'une philosophie toujours plus positive que l'humanité accroîtra le capital de vérité qu'elle détient ; c'est par cette union qu'elle a déjà amélioré les conditions extérieures de la vie et qu'elle modifiera sans doute, dans un sens favorable, ce qui fait l'intimité même de chacune de nos personnalités.

Un volume de 280 pages. **Prix : 7 fr. 50**

LE PRINCIPE DE RELATIVITÉ

8° R
30675

BIBLIOTHÈQUE DE SYNTHESE SCIENTIFIQUE
publiée sous la direction de M. Louis ROUGIER

PAUL LANGEVIN
Professeur de Physique expérimentale
au Collège de France.

LE PRINCIPE DE RELATIVITÉ

Conférence faite à la
Société Française des Électriciens

PARIS
Etienne CHIRON, Éditeur
40, Rue de Seine
1922

LE PRINCIPE DE RELATIVITÉ

Le 9 novembre 1919, la Société royale et la Société astronomique de Londres se réunissaient en séance solennelle, sous la présidence de Sir Joseph Thomson, pour recevoir communication des résultats obtenus par les deux expéditions chargées d'observer l'éclipse totale de Soleil du 29 mai 1919. Le but essentiel de ces expéditions était de vérifier les prévisions théoriques de M. Einstein sur la déviation de la lumière par le champ de gravitation du Soleil : une étoile vue dans une direction voisine du bord de l'astre devait paraître écartée de sa position normale d'un angle égal à 1''74 vers l'extérieur du Soleil.

La vérification complète, qualitative et quantitative de cette prévision, venant après d'autres confirmations expérimentales non moins frappantes dont j'ai l'intention de vous entretenir ici, appelle vivement l'attention, même du grand public, si l'on en juge par les nombreux articles que lui a consacrés la presse, sur la théorie de la relativité grâce à laquelle ces résultats ont été obtenus.

La puissance d'explication et de prévision de cette théorie, imposée par les faits et confirmée par eux, est aussi grande que sa structure logique est rigoureuse et belle. Son développement a été poursuivi, principalement par M. Einstein, avec une admirable continuité de pensée, en deux étapes principales : celle de la relativité restreinte de 1905 à 1912 et depuis 1912 celle de la relativité généralisée. La nouveauté et quelquefois l'étrangeté des conceptions auxquelles elle conduit rend particulièrement difficile sa pleine intelligence, mais son importance justifie largement l'effort qu'elle peut demander. Son étude est d'autant plus nécessaire qu'elle représente l'aboutissement actuel du travail progressif d'adaptation de la pensée aux faits et d'élimination des absolus arbitraires introduits dans les constructions provisoires par lesquelles la Science a tenté, avec un succès croissant, de représenter les lois de l'Univers.

I.

La relativité restreinte.

1. *La relativité en Mécanique.* — L'expérience montre que les phénomènes mécaniques se passent de la même manière lorsqu'ils sont observés à partir de systèmes matériels en mouvement de translation uniforme les uns par rapport aux autres, qu'ils suivent les mêmes lois pour des observateurs liés à la Terre et pour d'autres opérant à l'intérieur d'un véhicule lancé à toute vitesse d'un mouvement uniforme. On peut encore dire qu'*il n'y a pas de translation absolue*, l'expérience ne peut mettre en évidence que le mouvement de translation relatif de deux portions de matière.

La translation relative la plus rapide que nous ayons à notre disposition pour vérifier cette loi nous est fournie par le mouvement annuel de la Terre : à six mois d'intervalle, celle-ci se trouve dans deux positions diamétralement opposées sur l'orbite et des systèmes d'axes qui lui sont liés aux deux instants possèdent l'un par rapport à l'autre une vitesse relative de 60 km par seconde. S'il était possible, par d'autres expériences que celles de Mécanique, de définir des axes absolus et par rapport à eux le repos absolu, comme on a espéré pouvoir le faire en Optique et en Electricité au moyen de l'éther, milieu hypothétique à travers lequel se propagent les ondes lumineuses et se transmettent les actions électromagnétiques, la vitesse de translation de la Terre par rapport à ces axes changerait constamment au cours de l'année, et, quel que soit le mouvement du Soleil par rapport à eux, prendrait au moins un moment une valeur égale ou supérieure à 30 km par seconde, vitesse de la Terre par rapport au Soleil.

Le fait que les lois de la Mécanique, au degré de précision des mesures, sont exactement les mêmes en janvier et en juillet met bien en évidence le caractère relatif de la translation.

S'il n'y a pas, au moins en Mécanique, de translation absolue, il y a au contraire rotation absolue comme en témoignent les effets de force centrifuge en statique et de force centrifuge composée en dynamique. Des expériences faites à l'intérieur d'un système matériel permettent de mettre en évidence un mouvement de rotation d'ensemble.

Il est nécessaire de voir comment la Mécanique rationnelle traduit dans ses formules cette relativité de la translation. Je définirai à ce propos quelques expressions qui nous seront utiles par la suite.

2. *L'Univers cinématique*. — La présence d'une portion de matière, d'un mobile par exemple, en un certain lieu à un certain instant est un *événement*. En général nous appellerons *événement* le fait qu'une chose matérielle ou non, portion de matière ou onde électromagnétique par exemple, se trouve ou passe en un lieu donné à un instant donné. Nous appellerons *Univers* l'ensemble des événements. Pour repérer ceux-ci, nous pouvons faire choix de divers *systèmes de référence*, par exemple d'axes rectangulaires liés à un groupe donné d'observateurs. Pour ceux-ci, la situation de chaque événement sera caractérisée par quatre coordonnées, x, y, z, t, dont trois d'espace et une de temps. L'ensemble de toutes les situations possibles d'événements constitue l'*Univers cinématique* défini comme étant une multiplicité à quatre dimensions.

Les coordonnées d'un même événement changent avec le système de référence, soit parce qu'on modifie l'orientation des axes, soit parce que cet événement est observé par différents groupes d'expérimentateurs, est rapporté à divers systèmes de référence en mouvement les uns par rapport aux autres. Nous supposerons toujours, au moins en relativité restreinte, que tous les observateurs emploient les mêmes unités, se servent, en particulier pour les mesures d'espace et de temps, de règles et d'horloges définies de la même manière.

Le cas le plus simple, le seul que nous considérerons ici, est celui où les deux systèmes d'axes ont même orientation et une vitesse de translation relative uniforme v, dans la direction commune des x. Les origines O et O' des coordonnées d'espace sont supposées coïncider à l'origine du temps. Dans ces conditions, la cinématique ordinaire fournit les relations suivantes entre les coordonnées d'espace et de temps d'un même événement x, y, z, t pour l'un des systèmes et x', y', z', t' pour l'autre :

$$(1) \qquad x = x' + vt', \qquad y = y', \qquad z = z', \qquad t = t'.$$

Ces formules caractérisent une transformation faisant partie de ce que nous appellerons le *groupe de Galilée*. On entend par là que deux transformations successives de cette nature, correspondant à des vitesses v et v', équivalent à une transformation unique de même forme avec une valeur de la vitesse égale à

$$(2) \qquad v'' = v + v',$$

c'est, pour le cas simple actuel, la loi bien connue de composition des vitesses. Elle signifie encore qu'un mobile ayant dans la direction des x la vitesse v' par rapport au système O' a, par rapport au système O, dans la même direction une vitesse v'' définie par la formule (2).

Ce groupe de Galilée possède les propriétés suivantes, fondamentales en cinématique ordinaire.

L'intervalle de temps entre deux événements a la même valeur dans tous les systèmes de référence (temps absolu). En particulier, *la simultanéité a un sens absolu*, deux événements simultanés pour un groupe d'observateurs sont simultanés pour tous autres quel que soit leur mouvement par rapport aux premiers. *Le temps est un invariant du groupe de Galilée.*

La distance dans l'espace de deux événements *simultanés* est la même pour tous les observateurs. La forme d'un corps, définie pour des observateurs par rapport aux quels il est en mouvement comme étant le lieu des positions simultanées des différents points de la surface du corps, est la même dans tous les systèmes de référence. L'espace, comme le temps, est le même pour tous.

Au contraire, deux événements *successifs*, séparés par un intervalle de temps t, ont *une distance dans l'espace variable avec le système de référence.* Cela résulte immédiatement des formules (1) et peut s'illustrer par un exemple concret simple : un wagon se mouvant par rapport au sol avec la vitesse v porte une ouverture par laquelle les observateurs liés au wagon laissent tomber successivement deux objets à intervalle de temps t. Les deux événements que constituent les passages des objets par l'ouverture se passent au même point, ont une distance nulle dans l'espace pour les gens du wagon ; ils sont au contraire distants de vt dans l'espace pour des observateurs liés au sol.

Le groupe de Galilée, qui caractérise la cinématique ordinaire, introduit ainsi entre la distance dans l'espace et l'intervalle dans le temps de deux événements quelconques une dissymétrie qui disparaît dans la cinématique nouvelle. Nous verrons que, pour celle-ci, l'intervalle dans le temps varie aussi bien que la distance dans l'espace avec le mouvement du système de référence.

C'est seulement dans le cas où il y aurait coïncidence des événements dans l'espace et dans le temps, *coïncidence absolue* comme nous dirons, que la distance dans l'espace et l'intervalle dans le temps doivent s'annuler à la fois pour tous les groupes d'observateurs. Et il en sera nécessairement ainsi même en relativité généralisée puisque cette coïncidence complète des événements a un sens absolu, étant donné qu'un effet, un phénomène, en peut résulter sur l'existence duquel tous les observateurs seront nécessairement d'accord : par exemple les objets peuvent se briser par choc mutuel en passant en même temps par la même ouverture.

Il est important de remarquer dès maintenant que toute notre expérience, *toutes les sensations par lesquelles nous percevons l'Univers, sont déterminées par de telles coïncidences absolues*, contact de notre corps avec les objets ou coïncidence absolue d'un signal lumineux avec notre rétine. *Les liaisons causales que la mémoire et l'habitude nous permettent d'établir entre des séries de semblables coïncidences doivent avoir le même caractère absolu, et, comme toute notre science est fondée sur de telles constatations, les lois qui régissent l'Univers* de notre expérience, le seul qui soit objet de science, *doivent avoir (ou pouvoir être mises sous) une forme complètement indépendante du système de référence.* On voit apparaître ici l'idée profonde qui semble avoir guidé M. Einstein à travers toutes les difficultés de la seconde étape du développement de la relativité et lui a donné, avant le succès complet atteint seulement à la fin de 1915, la conviction profonde qu'il était possible et même nécessaire de donner aux lois de la physique une forme complètement invariante pour toutes les transformations qui permettent de passer d'un système de référence à un autre en mouvement *quelconque* par rapport au premier, et non plus seulement dans le cas du mouvement de translation uniforme auquel se limitait le principe de relativité restreinte.

3. *La Mécanique rationnelle.* — A la cinématique, définie par le groupe de Galilée, la Mécanique rationnelle associe tout d'abord les notions de masse et de force. La première y est considérée comme un invariant : la masse ou coefficient d'inertie d'une portion de matière est admise *a priori* comme constante, indépendante de l'état de repos ou de mouvement ou des changements d'état physique ou chimique que cette portion de matière peut subir. Le mouvement d'un point matériel est régi par, et la mécanique rationnelle est construite sur les équations fondamentales de la forme

$$m\frac{d^2x}{dt^2}=F, \tag{3}$$

F étant la composante dans la direction des x de la force qui agit sur le point matériel.

Si nous associons aux relations (1) la condition d'invariance de la masse

$$m=m', \tag{4}$$

et la condition qui traduit dans notre cas particulier le caractère vectoriel de la force

$$F=F', \tag{5}$$

nous obtenons, comme conséquence de (1), (3), (4) et (5),

$$m'\frac{d^2x'}{dt'^2}=F', \tag{6}$$

c'est-à-dire que *les équations de la Mécanique conservent leur forme quand on passe d'un système de référence à un autre en mouvement de translation uniforme par rapport au premier.* Ce fait traduit analytiquement le caractère relatif du mouvement de translation uniforme en Mécanique.

Cette invariance des lois de la Mécanique se traduit d'ailleurs par la possibilité d'en donner des énoncés *intrinsèques* grâce à l'introduction d'éléments *vectoriels* (vitesse, accélération, force, axes de couples, quantités de mouvement, moments de quantités de mouvement), *tensoriels* (moments d'inertie, déformations élastiques, tensions élastiques, etc.), ou *scalaires* (masse, énergie, etc.), sans qu'interviennent les coordonnées particulières dans un système de référence, de même que les invariants de la Géométrie pure (distances, angles, surfaces, volumes, etc.) permettent d'énoncer les lois de cette science sous une forme indépendante de tout système de coordonnées (relativité de l'espace).

4. *La relativité en Physique.* — On peut se demander si l'indifférence à une translation uniforme s'étend à l'ensemble des phénomènes physiques : il en doit être ainsi au point de vue mécaniste, si tout peut s'expliquer par espace et mouvement comme le pensait Descartes. Et en effet les expériences les plus délicates et les plus précises d'optique et d'électricité, reproduites à diverses époques de l'année pour toutes les orientations possibles des appareils, n'ont jamais décelé la moindre influence d'un changement de vitesse de translation d'ensemble ou, pour employer une expression courante, d'un changement de vitesse par rapport à l'éther.

En présence du résultat négatif de toutes les tentatives faites dans ce but, il a paru naturel de généraliser et d'énoncer un *principe de relativité* restreinte sous la forme :

Il est impossible, par des expériences de physique intérieures à un système matériel, de mettre en évidence un mouvement de translation d'ensemble du système,

ou encore de manière plus symétrique :

Les lois de la Physique sont les mêmes pour tous les systèmes de référence en translation uniforme les uns par rapport aux autres.

Tout se passe pour chaque système de référence comme s'il était immobile par rapport à l'éther.

La théorie des ondulations en optique, sous la forme que lui a donnée Fresnel, est d'accord avec ce résultat pour ce qui concerne les expériences dites du premier ordre, c'est-à-dire celles dont la précision est comprise entre $\frac{1}{10\,000}$ (nombre égal au rapport à la vitesse de la lumière des 30 km par seconde que doit atteindre au moins un moment au cours de l'année, la vitesse de la Terre par rapport au milieu), et le carré de ce rapport, soit $\frac{1}{100\,000\,000}$ ou 10^{-8}.

5. *L'expérience de Michelson et la contraction de Lorentz.* — L'accord entre les faits et la théorie des ondulations de Fresnel, fondée sur la cinématique ordinaire, cesse lorsqu'on arrive aux expériences du second ordre. En particulier, la théorie prévoit que, pour des observateurs en mouvement par rapport à l'éther, la vitesse apparente de la lumière, mesurée par l'intermédiaire du temps d'aller et retour entre deux stations qui leur sont liées, doit varier avec la direction d'une quantité du second ordre : la variation

relative, quand on passe d'une direction parallèle au mouvement dans l'éther à une direction perpendiculaire doit être égale à

$$\frac{1}{2}\frac{v^2}{V^2} \text{ ou } \frac{\beta^2}{2}$$

en posant

$$\beta = \frac{V}{v}$$

où v représente la vitesse du mouvement d'ensemble par rapport à l'éther de l'observateur avec ses appareils, et V la vitesse de la lumière par rapport au milieu.

La célèbre expérience de Michelson consiste précisément dans la comparaison par les méthodes interférentielles des temps d'aller et retour de la lumière dans deux directions perpendiculaires. Si cette égalité a été réalisée pour une orientation déterminée des appareils, la théorie prévoit qu'elle doit être modifiée au second ordre d'une quantité pouvant aller jusqu'à β^2 quand on change cette orientation. Et comme nous avons vu qu'en raison du mouvement annuel de la Terre la vitesse de celle-ci par rapport au milieu doit, au moins une fois dans l'année, atteindre ou dépasser la valeur de 30 km par seconde, on doit, au moins une fois dans l'année, prévoir, par changement d'orientation des appareils, un déplacement des franges d'interférence égal au cent-millionième (10^{-8}) du nombre de longueurs d'onde contenu dans chacun des deux trajets d'aller et retour. Ce dernier nombre étant de 40.000.000 pour 22 m de trajet aller et retour, on aurait dû observer un déplacement d'au moins une demi-frange, alors que *l'expérience a donné un résultat constamment négatif* à la précision du centième de frange.

Il y a là une contradiction formelle que Fitzgerald et Lorentz ont cherché à lever, tout en conservant la cinématique ordinaire, en admettant que la forme d'un corps en mouvement par rapport à l'éther change avec son orientation par rapport à la direction du mouvement : une dimension quelconque d'un corps quelconque doit se contracter dans le rapport $\sqrt{1-\beta^2}$ quand elle passe d'une direction perpendiculaire à la direction même du mouvement.

Le souci de conserver la cinématique usuelle, ainsi que la notion du temps absolu dont elle dérive, oblige ainsi à introduire dans la géométrie et par suite dans toute la physique la complication suivante : des observateurs terrestres doivent se considérer comme contractés, ainsi que tous les objets qui leur sont liés, d'une quantité variable avec la saison, et d'ailleurs inconnue, dans une direction inconnue puisque nos mesures terrestres sont faites avec des règles dont nous devons supposer que leur longueur change aussi avec l'orientation de manière à masquer complètement pour nous l'effet de la contraction.

Nous verrons également que la conservation du temps absolu et de la contraction de Lorentz au sens précédent donne aux équations de la physique, et en particulier à celles qui traduisent les lois de l'électromagnétisme, une forme compliquée et variable avec le mouvement supposé du système de référence par rapport à l'éther, *alors que l'expérience nous montre au contraire que ce mouvement d'ensemble est inaccessible et que les phénomènes se passent exactement de la même manière pour tous les systèmes quels que soient leurs mouvements de translation uniforme les uns par rapport aux autres.*

Pour éviter ces complications arbitraires et ne rien introduire dans nos conceptions fondamentales qui ne soit l'expression aussi simple et immédiate que possible des faits, il a semblé beaucoup plus naturel de traduire le résultat de l'expérience de Michelson sous la forme suivante :

Pour tous les systèmes de référence en translation uniforme les uns par rapport aux autres, tels que ceux liés à la Terre aux différents instants de son mouvement annuel, *la vitesse de la lumière est la même dans toutes les directions.*

Cette loi particulière, conforme au principe de relativité restreinte énoncé plus haut, doit nous sembler d'autant plus nécessaire qu'elle se déduit immédiatement des lois générales de l'électromagnétisme telles que les ont établies Maxwell, Hertz et Lorentz. Ces lois sont vérifiées par tout l'ensemble des faits de l'électromagnétisme avec une précision qui, pour certains d'entre eux, atteint le second ordre, à quelque moment de l'année que les expériences soient faites et par conséquent quel que soit le mouvement d'ensemble du système de référence auquel les observateurs sont liés. Nous sommes aujourd'hui certains que l'optique est un chapitre de l'électromagnétisme depuis les confirmations décisives et nombreuses de la théorie électromagnétique de la lumière.

Or les équations de Maxwell impliquent, comme conséquence immédiate, que toutes les perturbations électromagnétiques se propagent dans le vide avec une même vitesse précisément égale pour toutes les directions à la vitesse de la lumière, et mesurée par le même nombre quel que soit le mouvement des observateurs pourvu que ceux-ci emploient toujours les mêmes unités de longueur et de temps.

6. *La cinématique nouvelle et le groupe de Lorentz.* — Il est facile de voir que le point de vue nouveau est incompatible avec la cinématique ordinaire : imaginons par exemple une onde lumineuse ou électromagnétique

et deux groupes d'observateurs se mouvant l'un par rapport à l'autre avec une vitesse v dans la direction normale au plan de l'onde : nous venons d'être conduits à affirmer que pour les uns comme pour les autres celle-ci se propage avec une même vitesse V, alors qu'au point de vue ancien, la propagation se fait pour les uns avec la vitesse V elle doit se faire pour les autres avec la vitesse $V—v$ ou $V+v$ suivant le sens du mouvement relatif.

La traduction immédiate des faits qui nous a donné les énoncés nouveaux exige que nous abandonnions la notion du temps absolu sur laquelle repose la cinématique ordinaire pour n'introduire plus qu'un temps relatif, l'intervalle de temps entre deux événements étant, comme leur distance dans l'espace, mesuré de manières différentes par des observateurs en mouvement relatif.

Il est facile de voir que, dans le cas simple où deux groupes d'observateurs choisissent un même événement origine et des directions d'axes parallèles avec celle des x dans la direction de leur mouvement relatif, les coordonnées d'espace et de temps d'un même événement noté x, y, z, t par les uns (observateurs O) et x', y', z', t', par les autres (observateurs O') doivent avoir entre elles les relations suivantes pour satisfaire à la condition de propagation isotrope de la lumière avec la vitesse V à la fois pour O et O' ainsi qu'au principe de relativité restreinte

$$(3)\quad \left\{ \begin{aligned} x &= \frac{1}{\sqrt{1-\beta^2}}(x'+vt'), \\ y &= y', \\ z &= z', \\ t &= \frac{1}{\sqrt{1-\beta^2}}\left(t'+\frac{vx'}{V^2}\right) \end{aligned} \right.$$

en posant toujours

$$\beta = \frac{v}{V}.$$

Ces transformations forment encore un groupe puisque deux transformations successives de vitesses v et v' équivalent à une transformation unique de même forme et de vitesse v'' donnée, comme un calcul facile permet de s'en assurer, par la relation

$$(4) \qquad v'' = \frac{v + v'}{1 + \frac{vv'}{V^2}} \quad \text{ou} \quad \frac{\beta + \beta'}{1 + \beta\beta'}.$$

On donne à ce groupe le nom de groupe de Lorentz pour la raison suivante : M. Lorentz a montré le premier que les équations de l'électromagnétisme conservent leur forme quand on y effectue pour les coordonnées d'espace et de temps la substitution (2) en même temps que des substitutions analogues pour les autres grandeurs (champ électrique et champ magnétique) qui y figurent.

Cette propriété remarquable n'est autre chose que l'expression mathématique du fait que les lois de l'électromagnétisme et de l'optique sont les mêmes pour les observateurs O et O', que les équations qui traduisent ces lois doivent se présenter sous la même forme pour les uns comme pour les autres à condition que chacun utilise les mesures que l'expérience lui permet de faire.

Cette concordance ne peut nous surprendre puisque nous avons vu comment les équations de l'électromagnétisme impliquent l'uniformité de propagation de la lumière dans toutes les directions et que nous avons obtenu la transformation (3) à partir de cette conséquence considérée directement comme un fait expérimental.

Il est facile de voir également que, si l'on veut conserver la notion du temps absolu et le groupe de Galilée (1) qui en dérive, les équations de l'électromagnétisme prennent au contraire des formes différentes pour les observateurs O et O' : ces équations ne conservent pas leur forme pour les substitutions du groupe de Galilée. Le cinématique ordinaire ne peut interpréter le caractère relatif des lois de l'électromagnétisme et de l'optique. Elle oblige les observateurs terrestres, s'ils veulent tenir compte du changement continuel de leur vitesse relative, à modifier constamment et à prendre sous une forme compliquée les lois de l'électromagnétisme, et ceci en opposition avec les faits que traduisent exactement ces équations sous leur forme simple habituelle grâce à l'introduction du temps relatif.

Ceci revient encore à dire que le temps, introduit de manière inconsciente par les fondateurs de l'électromagnétisme et avec eux par tous les électriciens lorsqu'ils utilisent à tout moment les lois fondamentales de Maxwell-Hertz sous leur forme ordinaire, n'est autre que le temps relatif dont la mesure varie suivant les observateurs conformément aux relations (3).

La cinématique conforme à ces relations est la cinématique des électriciens, comme celle définie par (1) est celle des mécaniciens ; la différence résulte du fait que les équations de l'électromagnétisme conservent leur forme pour les transformations du groupe de Lorentz, tandis que celles de la mécanique conservent la leur pour les transformations du groupe de Galilée.

Là se trouve la raison profonde de l'impossibilité dans laquelle se sont trouvés les physiciens, malgré les efforts puissants et prolongés des plus illustres d'entre eux, de donner une interprétation mécanique des phénomènes électriques et optiques. D'équations qui se conservent pour le groupe de Galilée, comme celles de la mécanique, il est impossible, par voie de combinaison analytique, de déduire des lois qui, comme celles de l'électromagnétisme, se conservent pour les transformations du groupe de Lorentz.

L'origine de cette opposition va nous apparaître plus clairement encore dans un instant.

Remarquons d'abord que les deux transformations (1) et (3) diffèrent très peu l'une de l'autre pour les valeurs ordinaires de v qui sont très petites par rapport à la vitesse de la lumière. La transformation de Galilée (1) n'est autre chose que la forme limite de la transformation de Lorentz (3) quand on suppose dans cette dernière que la vitesse V devient infinie, ce qui revient à donner dans (3) la valeur zéro à β. On retombe ainsi sur les relations (1).

A cette remarque correspond le fait que la vitesse de la lumière dans le vide V joue pour la cinématique nouvelle le rôle que joue la vitesse infinie pour la cinématique ordinaire.

Un peu d'attention montre que cette différence a son origine dans la définition même de la notion de temps et de la simultanéité d'événements distants dans l'espace. La notion du temps absolu et d'une simultanéité indépendante du système de référence n'aurait de sens expérimental que si nous disposions d'un moyen de signaler instantanément à distance, sous forme d'ondes se propageant avec une vitesse infinie, de mobiles se mouvant avec une vitesse infinie, ou par l'intermédiaire du fil inextensible ou du solide invariable qui peuvent être mis en mouvement simultanément en tous leurs points, c'est-à-dire dans lesquels les déformations se propagent avec une vitesse infinie. Ces diverses notions, temps et simultanéité absolus, propagation instantanée à distance, solide invariable, sont ainsi connexes et caractérisent la Mécanique rationnelle au point de vue cinématique.

Au contraire, admettre que la lumière se propage avec la même vitesse dans toutes les directions pour tous les systèmes de référence revient à dire que dans chacun de ces systèmes la correspondance des temps en des points différents, la synchronisation des horloges, est réalisée au moyen de signaux lumineux ou électromagnétiques (ondes de télégraphie sans fil) qui se propagent avec une vitesse finie, celle de la lumière. Le temps utilisé par chacun des groupes d'observateurs est ainsi le *temps optique* ou électromagnétique, et la vitesse de la lumière, qui intervient dans la définition même du temps, joue par là même un rôle particulier qui explique son introduction dans les formules des transformations (3) permettant de passer d'un système de référence à un autre.

L'affirmation que la vitesse de la lumière est la même pour tous les systèmes de référence revient donc à celle-ci : la seule mesure du temps qui soit accessible à l'expérience, le seul moyen que nous ayons de synchroniser des horloges à distance, nous est fourni par l'intermédiaire des signaux lumineux ou électromagnétiques. Nous posons en principe qu'aucun autre procédé expérimental ne pourra nous fournir une mesure différente par des observations intérieures au système matériel auquel nous sommes liés.

Le caractère arbitraire de la cinématique habituelle tient à ce qu'elle repose sur la possibilité d'une signalisation instantanée à distance, sans que l'expérience vienne autoriser une telle hypothèse.

Par opposition, la cinématique nouvelle prend directement appui sur les faits et ne fait intervenir dans la définition du temps lui-même que des possibilités expérimentales immédiates, telles que la synchronisation à distance par l'intermédiaire de signaux *réels*.

7. *Actions à distance et actions de contact.* — Nous nous trouvons ainsi conduits à remarquer que ces modifications profondes, introduites dans nos conceptions les plus fondamentales par la théorie de la relativité, représentent une phase décisive du conflit séculaire entre les idées d'action à distance et d'action au contact.

La Mécanique céleste s'est développée depuis Newton grâce à la loi d'actions en raison inverse du carré de la distance. Cette loi est adéquate à la Mécanique rationnelle puisqu'elle admet la possibilité d'une action à distance déterminée par la position *actuelle* du corps attirant. c'est-à-dire d'une action instantanée à distance. Le succès remarquable de cette conception en Astronomie a eu pour conséquence qu'au XVIIIe et dans la première partie du XIXe siècle la Physique presque entière s'est développée dans cette direction, sur le modèle pourrait-on dire de la Mécanique céleste. Les lois de Coulomb en électricité et en magnétisme sont la transposition immédiate de la loi de Newton, la loi de Laplace en électromagnétisme est aussi une loi d'action instantanée ainsi que les lois électrodynamiques d'Ampère.

Le point de vue opposé est celui de l'action de proche en proche : introduit tout d'abord par Huygens en optique sous la forme de la théorie des ondulations, il fut développé par Fresnel avec une puissance d'intuition extraordinaire, qui permit à ce grand physicien de tourner des difficultés aujourd'hui encore insurmontables quand on n'adopte pas franchement le point de vue de la théorie électromagnétique de la lumière.

La raison profonde de ces difficultés, dont un exemple nous a été fourni par l'interprétation du résultat négatif de l'expérience de Michelson, est que la théorie de Fresnel est en réalité une théorie hybride. Elle admet un milieu dans lequel les actions optiques se transmettent de proche en proche et s'efforce en même temps de traduire les propriétés de ce milieu dans le langage de la Mécanique rationnelle, langage fondé sur la conception d'action instantanée à distance. L'hybride fut fécond, mais le déséquilibre profond dû à son origine vient se manifester pleinement aujourd'hui grâce à la précision accrue de nos méthodes expérimentales.

Au contraire, la notion d'action de proche en proche s'est développée pleinement sous une forme pure dans le domaine électromagnétique depuis Faraday, et a trouvé son expression mathématique dans un système d'équations complété par Maxwell grâce à l'introduction du courant de déplacement. La facilité extraordinaire avec laquelle la théorie électromagnétique supprime toutes les difficultés inhérentes à la théorie de Fresnel et avec laquelle nous la voyons traduire le fait expérimental de la relativité nous apporte simplement, dans un sens favorable aux actions de contact, la réponse à cette question posée depuis Newton : les actions entre particules matérielles se transmettent-elles instantanément à distance ou seulement de proche en proche avec une vitesse finie caractéristique de l'espace vide interposé.

Notre affirmation que *la seule cinématique ayant un sens expérimental, et aussi grâce à laquelle les lois de la Physique prennent une forme simple indépendante du système de référence, est la cinématique du groupe de Lorentz*, prend ainsi une signification plus nette et plus profonde et vient s'appuyer largement sur toute l'histoire de la Physique.

8. *La composition des vitesses.* — Mettons tout d'a-

bord en évidence le rôle particulier que joue la vitesse de la lumière dans la cinématique de la relativité. On voit immédiatement que les relations (3) n'ont de sens que si $\beta < 1$, c'est-à-dire si les deux systèmes de référence ont une vitesse relative v inférieure à la vitesse de la lumière, ce qui revient à dire que deux portions de matière ne peuvent se mouvoir l'une par rapport à l'autre avec une vitesse égale ou supérieure à celle de la lumière. Ceci résulte en effet de la loi de composition des vitesses que donne la formule (4) et qui se réduit à la loi ordinaire (2) quand on y suppose V infini. Cette formule (4), caractéristique du groupe de Lorentz, peut encore s'obtenir en considérant un mobile dont la vitesse par rapport aux observateurs O' a pour composante dans la direction des x

$$v' = \frac{dx'}{dt'},$$

et dont la vitesse par rapport aux observateurs O a pour composante dans cette même direction

$$v'' = \frac{dx}{dt}.$$

Il suffit de différencier la première et la dernière des relations (3) et de diviser membre à membre pour retrouver, avec la signification un peu différente qui vient d'être indiquée, la loi nouvelle de composition de vitesses

$$v'' = \frac{v + v'}{1 + \frac{vv'}{V^2}}.$$

Il est facile de vérifier sur cette formule que *la*

composition d'un nombre quelconque de vitesses inférieures à V donne toujours une vitesse inférieure à V et par conséquent qu'un mobile, par accroissements successifs à partir du mouvement antérieurement acquis, ne pourra jamais atteindre la vitesse de la lumière.

9. *Les rayons β du radium.* — Une première vérification expérimentale de ce résultat va nous être apportée par l'observation des mouvements les plus rapides que nous connaissions : les rayons β du radium sont constitués par des particules cathodiques chargées négativement et dont la vitesse peut être mesurée, ainsi que le quotient de leur charge par leur masse en utilisant la déviation de ces rayons par des champs électrique et magnétique connus. Les résultats obtenus, par Danysz en particulier, montrent que ces particules β présentent toute une série de vitesses et que celles-ci *convergent vers la vitesse de la lumière*, s'accumulant au-dessous de celle-ci puisqu'on a pu observer jusqu'à 297.000 km par seconde, mais sans l'atteindre et encore moins la dépasser.

10. *L'entraînement des ondes.* — Une confirmation non moins remarquable, et qui attira vivement l'attention des physiciens lorsqu'elle fut signalée par M. Einstein dès 1906, résulte de la simplicité extraordinaire avec laquelle la nouvelle loi de composition rend compte de la loi d'entraînement des ondes lumineuses par les milieux réfringents en mouvement sous la forme prévue par Fresnel et vérifiée expérimentalement par Fizeau.

Si n est l'indice de réfraction du milieu matériel transparent pour les ondes considérées, la vitesse U' de ces ondes par rapport au milieu est donnée par

$$U' = \frac{V}{n},$$

conformément au résultat des mesures directes de Foucault sur la vitesse de la lumière. Si le milieu est en mouvement avec la vitesse v par rapport à des observateurs, l'expérience de Fizeau montre que la vitesse des ondes par rapport à ceux-ci est

$$U'' = U' + v\left(1 - \frac{1}{n^2}\right).$$

Au point de vue de la cinématique ancienne, il faut, pour avoir U'' composer avec U' une fraction seulement $1 - \frac{1}{n^2}$ de la vitesse d'entraînement v. C'est la loi d'entraînement partiel des ondes, plus singulière encore quand on l'énonce comme faisait Fresnel en disant que le milieu réfringent entraîne partiellement l'éther qu'il renferme, cet entraînement partiel variant avec la fréquence des ondes propagées puisque l'indice n dépend de cette fréquence.

Appliquons au contraire la nouvelle loi (4) de composition en faisant v' égal à U', c'est-à-dire en composant la vitesse relative U' des ondes avec la vitesse d'entraînement v ; il vient

$$U'' = \frac{U' + v}{1 + \frac{U'v}{V^2}} = U' + v\left(1 - \frac{U'^2}{V^2}\right) = U' + v\left(1 - \frac{1}{n^2}\right).$$

en limitant le développement aux termes du premier ordre. La loi d'entraînement n'a qu'une signification purement cinématique, immédiate et simple au possible.

11. *Le temps et l'espace relatifs.* — Dégageons quelques aspects particulièrement remarquables de la cinématique nouvelle.

La relation

$$t = \frac{1}{\sqrt{1-\beta^2}}\left(t' + \frac{vx'}{V^2}\right),$$

montre que, contrairement à ce qui se passe en cinématique ordinaire, l'intervalle de temps entre deux événements (par exemple entre l'événement origine et l'événement noté x, y, z, t) n'est pas mesuré de la même manière par les observateurs O et O', puisque t est différent de t' (sauf, comme il est facile de s'en assurer, lorsque x' et t' sont simultanément nuls, c'est-à-dire lorsqu'il y a coïncidence absolue des deux événements au sens que j'ai indiqué plus haut).

Si, *pour les observateurs* O', *les deux événements coïncident dans le temps*, c'est-à-dire *sont simultanés* (t =o), sans coïncider dans l'espace (x' différent de zéro), t est différent de zéro, c'est-à-dire que les *événements ne sont pas simultanés pour les observateurs* O.

De même la formule

$$x = \frac{1}{\sqrt{1-\beta^2}}(x' + vt')$$

montre que pour t' = o on a

$$x = \frac{x'}{\sqrt{1-\beta^2}},$$

c'est-à-dire que deux événements simultanés pour les observateurs O' ont pour ceux-ci une distance dans l'espace (x') plus petite dans le rapport $\sqrt{1-\beta^2}$ que pour d'autres observateurs O en mouvement de translation par rapport à eux avec la vitesse $v = \beta V$. En particulier, supposons les observateurs O liés à une règle parallèle à la direction du mouvement relatif et qui pour eux a la longueur x. Pour les observateurs O', cette règle est mobile par rapport à eux et sa longueur est définie comme la distance x' dans l'espace entre les événements que sont les présences *simultanées* (pour eux) des deux extrémités de la règle. En vertu de la relation précédente, on aura

$$x' = x\sqrt{1 - \beta^2}.$$

Cette relation est d'ailleurs réciproque : si la règle était liée aux observateurs O', sa longueur pour les observateurs O par rapport auxquels elle est mobile serait la distance dans l'espace des deux événements simultanés pour eux ($t=0$) et l'on aurait

$$x = x'\sqrt{1 - \beta^2}.$$

Ceci est la forme sous laquelle la contraction de Lorentz intervient dans la cinématique nouvelle : elle est réciproque puisqu'il résulte de ce qui précède que si deux règles égales glissent l'une contre l'autre avec la vitesse v, des observateurs liés à l'une quelconque des règles voient l'autre plus courte que la leur.

On voit que cette contraction n'a plus le caractère absolu que lui donnait la cinématique ordinaire : elle résulte simplement de la manière différente dont les deux groupes d'observateurs définissent la simultanéité et du fait, sur lequel j'insiste, que la forme d'un corps en mouvement ne peut être définie que comme le lieu des positions simultanées des différents points de ce corps. Si des observateurs en mouvement relatif ne définissent pas de la même manière la simultanéité, il n'est pas surprenant qu'ils ne voient pas la même forme au même corps.

Deux événements simultanés pour les observateurs O' ($t'=0$) et distants pour eux de x' dans l'espace ont ainsi pour les observateurs O un intervalle dans le temps et une distance dans l'espace donnés par

$$t = \frac{1}{\sqrt{1-\beta^2}} \frac{vx'}{V^2}, \qquad x = \frac{x'}{\sqrt{1-\beta^2}},$$

d'où

$$x = \frac{V^2}{v} t = \frac{Vt}{\beta} > Vt.$$

Il résulte de cette inégalité que le caractère relatif de la simultanéité n'est pas en contradiction avec le principe de causalité si nous admettons, ce qui est conforme à notre hypothèse fondamentale sur la mesure du temps, qu'aucun signal ne peut se propager avec une vitesse supérieure à celle de la lumière. Pas plus pour les observateurs O', pour lesquels les deux événements sont simultanés, que pour les observateurs O, pour lesquels leur distance x dans l'espace est supérieure au chemin parcouru par la lumière pendant leur intervalle dans le temps t, un lien de cause à effet ne pourra être établi entre eux. Il n'y a donc aucune difficulté logique à ce que leur ordre de succession puisse être modifié par un changement du système de référence.

Si, au contraire, les deux événements sont tels que pour un système de référence quelconque on ait $x < Vt$, c'est-à-dire tels qu'un signal lumineux permette au premier d'influer sur le second, il est facile de voir, d'après les équations (3), que cette inégalité subsiste pour un système quelconque en mouvement par rapport au premier : l'ordre de succession des deux événements a un sens absolu dès qu'un lien causal peut être établi entre eux par l'intermédiaire d'un signal lumineux ou de tout autre procédé moins rapide que la lumière.

Les mêmes conséquences peuvent s'obtenir peut-être plus simplement en remarquant que la transformation (3) laisse invariante l'expression

$$s^2 = V^2t^2 - x^2 - y^2 - z^2 \tag{5}$$

ou, s'il s'agit d'événements infiniment voisins, l'expression

$$ds^2 = V^2dt^2 - dx^2 - dy^2 - dz^2, \tag{6}$$

c'est-à-dire qu'on a identiquement

$$ds^2 = V^2\,dt^2 - dx^2 - dy^2 - dz^2 = V^2\,dt'^2 - dx'^2 - dy'^2 - dz'^2.$$

Cet invariant joue, dans la théorie de la relativité, un rôle analogue à celui de la distance de deux points en géométrie. Il est caractéristique du groupe de Lorentz, et celui-ci peut s'obtenir, sous sa forme la plus générale, par la condition de conserver leur forme aux expressions (5) ou (6). De même, en géométrie analytique, les formules qui permettent de passer d'un système de coordonnées rectangulaires à un autre peuvent s'obtenir sous leur forme la plus générale par la condition de laisser invariante l'expression de la distance entre deux points en fonction de leurs coordonnées.

De même encore que la géométrie affirme l'existence d'un espace indépendant des systèmes particuliers de coordonnées qui servent à en repérer les points, et permet d'en énoncer les lois sous une forme intrinsèque grâce à l'introduction d'éléments invariants (distances, angles, surfaces, volumes, etc.), *la physique, par l'intermédiaire du principe de relativité affirme l'existence d'un Univers indépendant du système de référence qui sert à repérer les événements.*

Le principe de relativité, sous la forme restreinte comme sous la forme plus générale que nous examinerons tout à l'heure, n'est donc, au fond, que l'affirmation de l'existence d'une réalité indépendante des systèmes de référence en mouvement les uns par rapport aux autres à partir desquels nous en observons des perspectives changeantes. Cet univers a des lois auxquelles l'emploi des coordonnées permet de donner une forme analytique indépendante du système de référence bien que les coordonnées individuelles de chaque événement en dépendent, mais qu'il est possible d'exprimer sous forme intrinsèque, comme la géométrie le fait pour l'espace, grâce à l'introduction d'éléments invariants et à la constitution d'un langage approprié. C'est la tâche qui s'impose actuellement aux physiciens : constituer une physique qui soit, à l'expression analytique actuelle des lois de l'Univers conforme au principe de relativité, ce que la géométrie pure est à la géométrie analytique.

L'invariant que nous venons de rencontrer sous les formes (5) ou (6) est le plus fondamental et correspond à la distance en géométrie.

12. *La possibilité d'influence ou d'action.*—Il importe, à titre d'exemple, d'insister sur la signification physique de ce premier invariant. Si deux événements sont tels que leur distance dans l'espace (dont les composantes sont x, y, z) est inférieure au chemin Vt parcouru par la lumière pendant leur intervalle dans le temps, s^2 est positif et il en résulte, à cause de l'invariance de s^2, que la relation qui vient d'être énoncée entre les deux événements a un sens absolu, qu'elle est satisfaite dans tous les systèmes de référence d'où l'on peut observer les deux événements considérés. Quand cette condition est remplie, c'est-à-dire quand s est réel, un signal ou un messager se déplaçant moins

vite que la lumière permet à l'un des événements d'intervenir comme cause dans les conditions qui déterminent le second. Il est facile de voir d'après les formules du groupe de Lorentz que dans ce cas, conformément au principe de causalité, l'ordre de succession des deux événements a un sens absolu, aucun changement du système de référence ne permet d'inverser cet ordre ni de voir les deux événements simultanés.

Au contraire, quand s^2 est négatif ou s imaginaire, la distance dans l'espace des deux événements est plus grande que le chemin Vt parcouru par la lumière pendant leur intervalle dans le temps (cette relation a un sens absolu) et aucun lien causal ne peut exister entre les deux événements dont l'ordre de succession peut, sans contradiction avec le principe de causalité, être renversé par un changement convenable du système de référence et n'a pas de sens absolu.

La quantité s est donc réelle ou imaginaire suivant que l'un des événements peut ou non influer sur l'autre ; elle est nulle quand un signal lumineux dont l'émission coïncide dans l'espace et dans le temps avec l'un des événements peut juste coïncider au passage avec l'autre. On peut donc dire que cette quantité mesure *la possibilité d'influence ou d'action* (au sens cinématique) des deux événements l'un sur l'autre.

13. *La loi d'inertie ou d'action stationnaire.* — Comme exemple de la possibilité indiquée plus haut d'atteindre, grâce à l'introduction de semblables invariants, des énoncés *intrinsèques et simples* pour les lois de la physique ou de la mécanique, voyons comment l'invariant fondamental s ou ds permet d'exprimer la loi d'inertie.

Considérons deux événements A et B dont la possibilité d'influence S soit réelle ; puis que leur distance dans l'espace est inférieure au chemin parcouru par la lumière pendant leur intervalle dans le temps, il existe une infinité de mouvements possibles pour un mobile qui, partant du premier A (il y en a un qui est le premier dans le temps au sens absolu puisque l'ordre de succession est invariable quand s est réel) passe par le second B. En appelant *ligne d'Univers* l'ensemble des événements que représentent les diverses positions successives d'un mobile, nous pouvons encore énoncer ceci en disant : lorsque deux événements ont une possibilité d'influence réelle, il y a une infinité de lignes d'univers réelles passant par ces deux événements, exactement comme dans l'espace une infinité de lignes réelles passent par deux points dont la distance est réelle. La quantité qui correspondra ici à la longueur d'une de ces lignes, et qui sera la *possibilité d'action* le long d'une ligne d'univers passant par les deux événements, aura pour expression

$$I = \int_{A}^{B} ds, \tag{7}$$

l'intégrale étant étendue à tous les couples d'événements infiniment voisins qui se succèdent le long de cette ligne.

En géométrie, il y a une ligne qui se distingue de toutes les autres passant par les deux mêmes points : c'est la droite, qui jouit de la propriété de longueur minimum, ce minimum étant précisément égal à la distance des deux points.

Un calcul très simple, qui utilise la définition (6) de ds, montre que l'intégrale I est *stationnaire* et passe par un maximum égal à s pour la ligne d'univers qui correspond à *un mouvement rectiligne et uniforme, c'est-à-dire à un mobile se mouvant entre les deux événements conformément à la loi d'inertie.*

Cette loi a donc, pour énoncé intrinsèque et simple,

$$(8) \qquad \delta \int ds = 0.$$

On remarquera que cet énoncé *d'action stationnaire* a précisément la forme hamiltonienne et fait jouer, dans l'Univers de la relativité, au mouvement rectiligne et uniforme le rôle que joue la droite en géométrie euclidienne. On peut encore dire, sous une forme plus générale, que le mouvement d'un point matériel libre, que la ligne d'univers de ce point est une *géodésique* tracée dans la multiplicité à quatre dimensions qu'est l'ensemble des événements ou Univers. On voit déjà que, loin de compliquer les choses, notre principe de relativité, par la symétrie qu'il introduit entre les coordonnées d'espace et de temps contrairement à ce qui se passe en cinématique ordinaire, permet d'obtenir des énoncés remarquablement simples quand on a réussi à dégager les invariants nécessaires. Nous verrons d'autres exemples de cette puissance de simplification.

14. *Le temps propre.* — Nous pouvons encore donner de l'invariant fondamental une autre interprétation dans le cas où il est réel. Imaginons pour cela que des observateurs soient liés au mobile dont la ligne d'univers passe par les deux événements considérés : pour eux les deux événements se passent au même point puisque tous deux coïncident avec leur présence, de sorte que si $d\tau$ est la mesure *faite par eux* de l'intervalle de temps entre les deux événements supposés par exemple infiniment voisins, on a, comme conséquence de la formule (6), en tenant compte du fait que pour les observateurs considérés la distance dans l'espace est nulle,

$$(9) \qquad ds^2 = V^2 d\tau^2 \qquad \text{ou} \qquad ds = V d\tau.$$

Nous donnerons à $d\tau$ le nom, qui s'impose d'après ce qui précède, de *temps propre* du mobile entre les deux événements qui se succèdent au même point par rapport à lui. La possibilité d'influence entre deux événements, lorsqu'elle est réelle, est donc proportionnelle, avec le coefficient V, à l'intervalle de temps mesuré entre ces événements par des observateurs en mouvement rectiligne et uniforme tel que les deux événements se passent pour eux au même point.

Si leur ligne d'univers n'est pas celle d'un mouvement libre, on a, le long de cette ligne,

$$(10) \qquad \int_A^B ds = V \int_A^B d\tau.$$

C'est donc le mouvement rectiligne et uniforme qui donne, d'après la propriété reconnue plus haut, le maximum de temps propre entre deux quelconques des événements par lesquels il passe. On peut encore s'en rendre compte de la manière suivante. Considérons d'autres observateurs O que ceux liés au mobile. Pour eux, celui-ci a une certaine vitesse v à l'instant t, et l'on a, d'après la définition de ds^2,

$$ds^2 = V^2 dt^2 - v^2 dt^2 = V^2 (1 - \beta^2) dt^2,$$

d'où

$$(11) \qquad d\tau = \sqrt{1 - \beta^2} dt$$

et

$$\int_A^B d\tau = \int_{t_1}^{t_2} \sqrt{1 - \beta^2}\, dt,$$

où t_1 et t_2 sont les instants auxquels se passent les

événements extrêmes A et B pour les observateurs O. La présence du facteur $\sqrt{1-\beta^2}$ montre que plus le mouvement entre A et B différera d'un mouvement rectiligne et uniforme, plus par conséquent les vitesses seront grandes puisque la durée totale $t_2 - t_2$ est fixe, et plus l'intégrale entre ces limites fixes sera petite.

La loi d'inertie peut encore s'exprimer comme *loi du temps propre maximum*, et elle nous apparaît comme liée de façon nécessaire aux conclusions suivantes, dont l'aspect semble plus paradoxal encore que celles relatives à la simultanéité et à la contraction apparente réciproque des corps en mouvement.

Imaginons deux portions de matière dont les lignes d'univers se croisent en deux événements A et B, c'est-à-dire qui se séparent en A pour se retrouver en B, mais dont l'une se meut entre A et B d'un mouvement rectiligne et uniforme, tandis que l'autre a un mouvement varié, subit des accélérations. Il résulte de ce qui précède que l'intervalle de temps, la durée de la séparation, mesuré par la seconde est moindre que pour la première. Et si nous admettons, conformément au principe de relativité, qu'aucune autre mesure du temps n'est possible, il en résulte que la seconde a, dans l'intervalle, moins vieilli que la première. On peut déduire de là des conséquences amusantes qui ne sont en opposition avec aucun fait expérimental. Un peu d'attention montre d'ailleurs que la mise en œuvre de cette possibilité de ralentir le cours du temps grâce à une agitation suffisante obligerait à réaliser des vitesses du même ordre que celle de la lumière ; elle ne présente par conséquent aucun intérêt pratique.

15. *La dynamique de la relativité.* — Revenons à des conséquences plus facilement vérifiables par l'expérience.

A la nouvelle cinématique correspond une dynamique nouvelle, entièrement compatible avec les lois de l'électromagnétisme puisque ses équations conserveront leur forme pour les mêmes transformations de coordonnées, celles du groupe de Lorentz.

Étant donné, comme nous allons le voir, que les faits imposent cette nouvelle dynamique, il serait important d'orienter l'enseignement de la mécanique ordinaire dans un sens ménageant la possibilité de passer à la mécanique nouvelle avec le minimum de changements. Or, il est facile de montrer que le principe de relativité, joint au principe de conservation de l'énergie, fournissent, quand on admet la cinématique de Galilée, toutes les fois fondamentales de la mécanique rationnelle, en particulier la conservation de la masse, introduite d'ordinaire comme un postulat indépendant, et celle de la conservation de la quantité de mouvement.

Il suffit de remplacer la cinématique de Galilée par celle du groupe de Lorentz, c'est-à-dire d'introduire la mesure optique du temps, pour obtenir une nouvelle dynamique qui, chose tout à fait remarquable, est plus simple que celle de la mécanique rationnelle. En effet, elle réunit en un seul l'ensemble des principes de conservation de la masse, de la quantité de mouvement et de l'énergie. *Elle affirme pour un système matériel isolé la constance d'un vecteur d'Univers à quatre composantes, dont les trois composantes d'espace sont les quantités de mouvement et dont la composante de temps est l'énergie.*

De plus, et ceci est l'aspect peut-être le plus remarquable, *la notion de masse se confond avec celle d'énergie* : la masse d'un système matériel n'est plus qu'une quantité proportionnelle à son énergie interne avec un coefficient de proportionnalité égal au carré de la vitesse de la lumière. Entre la masse *m* d'une portion de matière définie comme coefficient de proportionnalité de la quantité de mouvement à la vitesse et son énergie totale E, on a la relation

$$m_0 = \frac{E_0}{V^2} \tag{12}$$

de sorte que la masse varie avec l'énergie et ne reste constante pour un système fermé que grâce à l'absence d'échange avec l'extérieur, par voie de rayonnement par exemple.

16. *Variation de la masse avec la vitesse.* — L'énergie totale d'un corps augmente avec sa vitesse d'une quantité égale à l'énergie cinétique. Si E_0 est l'énergie interne du corps (mesurée par des observateurs qui lui sont liés) et par conséquent

$$m_0 = \frac{E_0}{V^2}$$

sa masse au repos, ce que nous appellerons sa *masse initiale*, la théorie montre que son énergie mesurée par des observateurs qui le voient en mouvement avec une vitesse $v = \beta V$ a pour valeur

$$E = \frac{E_0}{\sqrt{1 - \beta^2}}. \tag{13}$$

L'énergie cinétique prend la valeur

$$E - E_0 = E_0\left(\frac{1}{\sqrt{1 - \beta^2}} - 1\right)$$

qui, pour les petites valeurs de β, se confond, comme on le voit immédiatement en développant l'expression précédente suivant les puissances de β, avec l'énergie cinétique ordinaire

$$\frac{1}{2}E_0\beta^2 = \frac{1}{2}m_0 v^2.$$

A la valeur (13) de l'énergie correspond, en vertu de la relation (12), une valeur de la masse m :

$$m = \frac{1}{\sqrt{1-\beta^2}}. \tag{14}$$

L'accroissement de masse avec la vitesse ainsi prévu par la théorie de la relativité est lié au fait que l'énergie cinétique existe, que l'énergie totale d'un corps en mouvement est plus grande que celle du même corps au repos et n'est qu'un aspect particulier de la loi fondamentale d'*inertie de l'énergie* exprimée par la formule (12).

17. *Vérifications expérimentales.* — La variation de masse ainsi prévue ne devient sensible que pour des vitesses du même ordre que celle de la lumière et donne une masse infinie quand v tend vers V. C'est là l'aspect dynamique du résultat cinématique limitant à V la vitesse relative que peuvent prendre deux portions de matière : il faudrait une énergie infinie pour atteindre cette limite.

Pour obtenir une vérification expérimentale, il est nécessaire de s'adresser aux projectiles les plus rapides que nous connaissions, aux rayons cathodiques et aux rayons β des corps radioactifs. En observant la déviation par un champ magnétique connu de rayons cathodiques produits sous une différence de potentiel connue entre la cathode et le lieu d'observation, on peut obtenir deux relations entre la vitesse des particules cathodiques et le quotient de leur charge par leur masse initiale m_0. Comme il est nécessaire d'ailleurs pour conserver leur forme aux équations de l'électromagnétisme, d'admettre que la charge électrique reste invariante quand on passe d'un système de référence à un autre en mouvement par rapport à lui, ces deux relations s'écrivent, dans la dynamique de la relativité,

$$(15)\quad \begin{cases} Ue = m_0 V^2 \left(\dfrac{1}{\sqrt{1 - \beta^2}} - 1 \right) \\ \text{et} \\ HR = \dfrac{mv}{e} = \dfrac{m_0 \beta V}{e\sqrt{1 - \beta^2}}. \end{cases}$$

La première équation exprime que l'accroissement d'énergie cinétique de la particule est égal au travail effectué par le champ électrique sur sa charge, U représentant la différence de potentiel dont on se sert pour produire les rayons cathodiques, et la seconde relie le champ magnétique H supposé perpendiculaire à la direction de la vitesse au rayon de courbure R de la trajectoire. L'élimination de β entre ces deux relations montre suivant quelle loi doivent varier simultanément la différence de potentiel et le champ magnétique (ou l'intensité du courant qui produit ce dernier) pour que la déviation reste constante.

Des expériences très soignées faites récemment sous cette forme par MM. Ch.-Eug. Guye et Lavanchy ont exactement vérifié la loi prévue pour des vitesses de rayons cathodiques allant jusqu'à 150.000 km par seconde, moitié de la vitesse de la lumière.

Les rayons β des corps radioactifs permettent, comme nous l'avons vu, d'opérer avec des vitesses beaucoup plus grandes, mais la précision est moindre parce que la première des relations (15) doit être remplacée par une autre déduite de la déviation des rayons sous l'action d'un champ électrique perpendiculaire à leur direction. Cette dernière mesure est moins facile que celle d'une différence de potentiel. Néanmoins, au degré de précision des mesures, les formules de la nouvelle dynamique représentent encore exactement les faits et correspondent, pour les rayons les plus rapides étudiés, à une valeur de la masse m décuple de la masse initiale.

18. *La structure des raies de l'hydrogène.* — Une confirmation au moins aussi remarquable et tout à fait imprévue a été apportée en 1916 par M. Sommerfeld.

On sait que, grâce à l'application de la théorie des quanta aux mouvements des électrons intérieurs aux atomes, des progrès considérables ont pu être faits dans l'interprétation et dans la prévision des séries de raies dans le spectre d'émission des éléments. En particulier, le modèle proposé par M. Bohr pour l'atome d'hydrogène (un seul électron négatif tournant autour d'un noyau central positif) donne exactement la série de Balmer.

Lorsque, au lieu de supposer, comme l'avait fait M. Bohr, que l'électron décrit des orbites circulaires, on admet avec M. Sommerfeld la possibilité d'orbites elliptiques et qu'on leur applique les procédés récents qui ont permis d'étendre la théorie des quanta à de semblables problèmes, on retrouve toujours cette même série de Balmer avec une fréquence bien définie pour chaque raie.

Or, l'expérience montre que les raies de la série de Balmer ont une structure, très fine à la vérité. Chaque raie possède un certain nombre de composantes très rapprochées dont deux particulièrement intenses et leur intervalle a pu être mesuré par les méthodes basées sur la variation de visibilité des franges d'interférence avec la différence de marche. Les mesures de MM. Buisson et Fabry ont donné pour la raie rouge (α) de l'hydrogène un écartement voisin de trois centièmes d'unité Angström.

Comme les vitesses que prévoit la théorie pour les diverses orbites possibles de l'électron dans l'atome d'hydrogène représentent déjà une fraction sensible de la vitesse de la lumière, M. Sommerfeld s'est demandé si la substitution de la mécanique de la relativité à la mécanique ordinaire employée jusque-là dans les problèmes de ce genre ne permettrait pas de résoudre la difficulté.

Le succès de cette idée a été remarquable. *La nouvelle dynamique donne exactement la structure observée pour les raies de la série de Balmer.*

De plus, elle prévoit que les rayons de Röntgen caractéristiques émis par les atomes des divers éléments doivent présenter dans leur spectre des structures analogues avec un écart de fréquence entre les composantes d'autant plus considérable que le rang de l'atome est plus élevé dans la série des éléments. Appliquée aux rayons de Röntgen caractéristiques les plus pénétrants, à ceux qui constituent le groupe des raies K, la théorie de M. Sommerfeld présente un accord remarquable avec l'expérience, bien que l'écart en question varie dans un rapport voisin de 100.000.000 quand on passe de la raie α de l'hydrogène aux raies K de l'uranium qui en sont l'équivalent déplacé vers les grandes fréquences.

Il est donc établi que les problèmes relatifs aux mouvements intra-atomiques exigent l'emploi de la nouvelle dynamique pour donner des solutions en accord avec les faits

19. *Les petits écarts à la loi de Prout.* — La rela-

tion (12) d'inertie de l'énergie comporte d'autres conséquences remarquables.

On sait que l'hypothèse de l'unité de la matière, d'après laquelle les atomes seraient construits à partir d'un élément fondamental, probablement l'hydrogène, comporterait, au point de vue de la mécanique rationnelle, la conséquence connue sous le nom de loi de Prout, d'après laquelle les masses atomiques de tous les éléments devraient être des multiples entiers de celle de l'hydrogène.

L'unité de la matière semble d'ailleurs de plus en plus vraisemblable : les transformations radioactives nous montrent que des atomes lourds peuvent émettre successivement plusieurs atomes d'hélium en se simplifiant ; d'autre part, Sir Ernest Rutherford vient de montrer que le choc d'une particule α (atome d'hélium lancé pendant la transmutation spontanée d'atomes radioactifs) contre le noyau d'un atome d'azote en peut détacher un atome d'hydrogène. Enfin les cas comme celui du chlore (masse atomique 35,5) où un écart important existe avec un multiple entier de l'hydrogène semblent devoir s'expliquer par l'existence d'un mélange d'éléments *isotopes* doués des mêmes propriétés chimiques mais de masses atomiques différentes. La méthode des rayons positifs imaginée par Sir Joseph Thomson vien en effet de permettre le dédoublement du chlore en deux éléments isotopes de masses atomiques très voisines de 35 à 37, ainsi que celle du néon en deux éléments de masses 19 et 21.

Mais les travaux de Stas ont montré que de petites différences subsistent, que les masses atomiques des éléments les plus simples sont *très voisins* de multiples entiers de celle de l'hydrogène.

Or il suffit d'admettre que la formation d'atomes complexes à partir de l'élément simple s'accompagne de variations d'énergie interne par rayonnement *du même ordre que celles auxquelles nous assistons au cours des transformations radioactives*, pour rendre compte quantitativement de ces écarts par application de la formule (12), d'après laquelle la variation de masse s'obtient en divisant par le carré de la vitesse de la lumière la variation d'énergie interne par rayonnement.

II.

La Relativité Généralisée.

20. *La pesanteur de l'énergie.* — Si l'on réfléchit d'ailleurs que cette inertie de l'énergie donne l'interprétation la plus simple de la pression de rayonnement puisque l'énergie, si elle est inerte, doit quand elle se propage sous forme de rayonnement transporter de la quantité de mouvement, et par conséquent pousser les obstacles qu'elle rencontre et donner lieu au recul d'une source qui rayonne de manière non symétrique, on voit quelle puissance de simplification et d'explication possède la nouvelle dynamique, la seule qui soit compatible avec les équations de l'électromagnétisme.

Une remarque très simple va nous servir de transition entre la relativité restreinte, grâce à laquelle les résultats précédents ont été obtenus, et le développement tout à fait général que M. Einstein vient de donner aux conséquences du principe de relativité.

Nous venons de voir vérifiée par les faits la loi d'inertie de l'énergie, la variation de masse d'un corps avec son énergie totale. Mais, d'autre part, les expériences les plus précises, celles d'Eotvös en particulier qui ont atteint le vingt-millionième, montrent que le poids d'un corps est exactement proportionnel à sa masse, que l'accélération de la pesanteur est la même pour tous les corps. Si donc la masse (inertie) change avec l'énergie interne, le poids doit changer aussi exactement dans le même rapport : *si l'énergie est inerte, elle doit être en même temps pesante.* Nous pouvons remarquer en particulier que les petits écarts sur les masses atomiques, résultant des variations d'énergie interne pendant la formation des atomes, se constatent en réalité au moyen de mesures de poids.

Il est donc vraisemblable que l'énergie rayonnante, la lumière en particulier, qui se comporte comme inerte, doit se comporter comme pesante, d'où l'idée qu'un rayon lumineux doit s'incurver dans un champ de gravitation.

La première forme sous laquelle cette idée a été développée par M. Einstein se présentait de manière naturelle, au moins en apparence. On pouvait supposer que la lumière serait déviée comme un mobile se mouvant avec la vitesse V. L'énormité de cette vitesse fait que la courbure dans le champ de pesanteur terrestre serait absolument insensible. Le Soleil, au contraire, possède une masse suffisante pour dévier appréciablement un rayon lumineux passant à proximité suffisante. Un calcul très simple, la recherche de l'angle des asymptotes de la trajectoire hyperbolique suivie par un mobile dont la vitesse à grande distance du Soleil serait V, montre que la déviation produite a pour valeur

$$\alpha = \frac{2GM}{RV^2}, \tag{16}$$

où G est la constante de la gravitation, M la masse du Soleil, R la distance minimum de la trajectoire au centre du Soleil. Pour un rayon passant exactement au bord du Soleil, l'emploi des valeurs connues pour les quantités figurant dans la formule (16) donne pour α la valeur

$$\alpha = 0''87.$$

Une étoile voisine du bord du Soleil devrait donc en paraître plus éloignée qu'elle n'est en réalité, d'une quantité un peu inférieure à une seconde d'arc, c'est-à-dire accessible à l'expérience pendant une éclipse totale qui permet seule de photographier les étoiles voisines du bord du Soleil.

Des expéditions, empêchées par la guerre, avaient été prévues pour vérifier ce fait sur l'éclipse totale du 19 août 1914. Depuis cette époque, M. Einstein a réussi de manière complète à développer les conséquences du principe de relativité sous sa forme la plus générale et s'est trouvé conduit, à la fin de 1915, en suivant la voie que je vais essayer d'indiquer brièvement à prévoir une déviation exactement double de celle qu'il avait obtenue par ce raisonnement provisoire, soit 1'',74 pour une étoile vue tout près du bord du Soleil.

On peut tout d'abord remarquer que ce raisonnement simpliste présente ce même caractère hybride que nous avons reconnu à la théorie optique de Fresnel : il associe le point de vue de la propagation des ondes lumineuses, exactement régi par les lois de l'électromagnétisme qui se conservent pour les transformations du groupe de Lorentz et sont l'expression pure de la notion des actions de proche en proche à travers l'espace, avec celui de la mécanique rationnelle, celui des actions instantanées à distance, en appliquant la loi de gravitation de Newton. Ici encore la vérité se trouve dans le développement logique des idées fondamentales.

21. *Le boulet de Jules Verne.* — La gravitation se trouvant ainsi, pour la première fois, amenée en contact ou en liaison avec les phénomènes électromagnétiques ou optiques par l'idée que la lumière ou l'énergie rayonnante doit se comporter comme pesante, M. Einstein en déduit naturellement que, pour des observateurs liés à la Terre, l'expression immédiate des faits qui se passent à leur voisinage doit être que la lumière ne se propage pas en ligne droite, pas plus qu'un mobile

lancé et abandonné à lui-même ne se meut d'un mouvement rectiligne et uniforme, ne satisfait à la loi d'inertie, puisqu'il est dévié par la pesanteur. Le champ de pesanteur nous apparaît comme la cause commune de ces écarts à partir des lois simples prévues par la théorie de la relativité restreinte pour un Univers régi par les lois de l'électromagnétisme sous leur forme habituelle et que nous appellerons un *Univers euclidien* à cause de l'analogie signalée plus haut avec la géométrie euclidienne. Un Univers euclidien est caractérisé par le fait qu'il existe une infinité de systèmes de référence, en mouvement de translation uniforme les uns par rapport aux autres, pour lesquels nos postulats fondamentaux sur la propagation isotrope de la lumière, sur la possibilité d'une mesure optique du temps et sur l'exactitude des lois de l'électromagnétisme sont vérifiés. Dans un tel Univers et pour les systèmes de référence appropriés, la lumière se propage en ligne droite et un mobile libre se meut d'un mouvement rectiligne et uniforme.

L'Univers réel ne remplit pas ces conditions, au moins pour un système de référence lié à la Terre. Il pourrait cependant les remplir par rapport à d'autres systèmes en mouvement convenable (autre qu'une translation uniforme) par rapport à la Terre, et être par suite euclidien.

On peut en effet trouver, au moins localement, c'est-à-dire pour une région de l'Univers suffisamment limitée dans l'espace et dans le temps, une solution à cette question par l'intermédiaire du boulet de Jules Verne.

A l'intérieur d'un projectile lancé sans rotation et par conséquent se mouvant en chute libre, la pesanteur n'existe pas et l'Univers est euclidien. En effet, tous les objets qu'il peut renfermer étant soumis, en vertu de la loi de constance de g rappelée plus haut, à une même accélération d'ensemble, tombant tous de la même manière et indépendamment les uns des autres, il n'y a ni haut ni bas pour des observateurs intérieurs au projectile et aucun effort n'est nécessaire pour maintenir un corps libre immobile par rapport aux parois.

Pour un système de référence lié à ces parois, la pesanteur a disparu, un mobile libre se meut d'un mouvement rectiligne et uniforme, et il est naturel d'admettre que la lumière à l'intérieur se propage en ligne droite, que l'Univers est euclidien.

L'emploi d'un système de référence en mouvement uniformément varié par rapport à la Terre permet donc de supprimer le champ de gravitation, mais il est visible que ce résultat n'est obtenu que localement puisque le champ de gravitation terrestre n'est pas uniforme. Pour un boulet de Jules Verne voisin d'un point de la Terre, le champ de pesanteur n'existe pas à son intérieur ni à son voisinage immédiat, mais il existe à distance là où g commence à varier appréciablement en grandeur ou en direction. Nous exprimerons ce fait en disant *qu'il y a un Univers euclidien tangent en tout point et en tout lieu à l'Univers réel* : c'est dans une petite étendue autour d'eux celui d'observateurs en chute libre et sans rotation rapportant les événements à des axes qui leur sont liés. Cette notion est, comme nous allons le voir, tout à fait voisine de celle que Gauss a mise à la base de sa théorie des surfaces en admettant l'existence en tout point d'une surface d'un plan tangent confondu avec la surface dans une étendue infiniment petite pour laquelle la géométrie est la géométrie plane conforme en particulier au postulatum d'Euclide, alors que, pour une étendue finie considérée sur la surface, les lignes qu'on y peut tracer n'obéissent pas aux lois de la géométrie euclidienne : les géodésiques ou lignes de plus courte distance n'y sont pas des droites et leurs propriétés correspondent, comme on voit, à une géométrie qui n'est pas euclidienne à moins que la surface ne soit développable, applicable sur un plan.

Le fait essentiel qui résulte de la remarque précédente est que, étant donnés deux événements infiniment voisins, il existe des systèmes de référence, ceux d'observateurs en chute libre au voisinage immédiat de ces événements, par rapport auxquels peut se mesurer, au sens de la relativité restreinte, l'élément invariant d*s* que nous avons rappelé la possibilité d'action de ces deux événements. De la même manière l'hypothèse de Gauss sur l'existence du plan tangent en tout point d'une surface comme celle de la Terre permet d'appliquer aux mesures faites dans une étendue limitée la géométrie euclidienne du plan et, en particulier, d'exprimer la longueur d*s* d'un arc de courbe infiniment petit tracé sur la surface en l'assimilant à un élément de droite situé dans le plan tangent.

Mais inversement, si l'emploi d'un système de référence approprié permet de faire disparaître le champ de gravitation dans une région limitée de l'Univers, l'emploi d'un système de référence en mouvement quelconque est exactement équivalent à l'introduction d'un champ de gravitation approprié, toujours comme conséquence de la pörportionnalité du poids des corps à leur inertie, de la masse de gravitation à la masse mécanique.

Reprenons en effet l'exemple du boulet de Jules Verne et supposons qu'au lieu de le laisser en chute libre, nous lui communiquions, par l'intermédiaire d'une corde par exemple, une accélération d'ensemble par rapport à la chute libre. Les objets intérieurs ne pourront suivre ce mouvement qu'à condition d'être soumis de la part de la paroi à une force convenable ; ils devront être poussés par cette paroi et viendront presser contre elle du côté opposé à celui où est attachée la corde. Il y aura de nouveau un haut et un bas et les observateurs intérieurs au boulet pourront croire qu'ils sont au repos dans un champ de gravitation proportionnel à l'accélération communiquée à la paroi par la corde. Si même ils regardent au dehors et voient la corde tendue, ils pourront se croire suspendus par cette corde et immobiles dans ce même champ de gravitation. Il y a ainsi *équivalence*, comme dit M. Einstein, entre un champ de gravitation uniforme et une accélération d'ensemble du système de référence.

On peut aller plus loin et supposer le système de référence en mouvement quelconque à condition d'introduire un champ de gravitation non uniforme et convenablement distribué : il suffit en chaque point d'admettre un champ de gravitation d'intensité égale à l'accélération en ce point du système de référence par rapport à des axes en chute libre et sans rotation. Un point matériel libre, qui se meut en ligne droite par rapport à ces derniers, se mouvra par rapport au système de référence exactement comme il le ferait s'il était soumis à l'action du champ de gravitation indiqué, et nous admettrons qu'il en sera de même pour un rayon lumineux.

Champ de gravitation et mouvement quelconque du système de référence sont donc indiscernables au point de vue physique. L'emploi d'un système de référence en *rotation* par rapport à des axes de Galilée, comme par exemple l'emploi d'axes liés à la Terre, est *équivalent* à l'introduction d'un champ de gravitation distribué exactement comme l'accélération centrifuge, comme le champ de force centrifuge. Et nous savons que sur la Terre par exemple la mesure de g faite par un procédé quelconque, dynamique ou statique, pendule ou peson, nous fournit toujours un même résultat que seules des considérations théoriques nous conduisent à décomposer en un champ de force centrifuge et un champ newtonien. Rien ne différencie l'un de l'autre au point de vue de leur influence sur les phénomènes sensibles à leur action, mouvement d'un point matériel, propagation de la lumière, etc.

Nous voici donc conduits à l'énoncé suivant d'un principe de relativité généralisé : *à condition d'introduire un champ de gravitation convenablement distribué, il est possible d'énoncer les lois de la Physique sous une forme complètement indépendante du système de référence.*

Tout se passe pour un système de référence en rotation comme s'il était en translation et comportait un champ de gravitation distribué comme le champ de force centrifuge.

La remarquable puissance du principe ainsi énoncé tient à la possibilité de le traduire analytiquement de la manière suivante, qui exprime le même fait sous une forme plus précise :

Les équations qui régissent les lois des phénomènes physiques en présence d'un champ de gravitation quelconque doivent conserver leur forme quand on change d'une manière quelconque le système de référence employé.

Cette condition d'invariance généralisée limite extraordinairement les formes possibles pour les lois de l'Univers. Grâce à l'introduction du *calcul différentiel absolu* créé antérieurement par MM. Ricci et Levi-Civita, et qui permet de former les combinaisons jouissant de la propriété requise, M. Einstein a pu déterminer la forme générale des équations de la mécanique et de l'électromagnétisme en présence d'un champ de gravitation quelconque et pour un système de référence quelconque à partir de la forme particulière connue pour l'univers euclidien, c'est-à-dire en l'absence de tout champ de gravitation. Ceci est la traduction mathématique du fait signalé plus haut que les mesures faites à partir d'un système de référence quelconque et dans un champ de gravitation quelconque peuvent se déduire dans chaque région infiniment petite des mesures faites dans un univers euclidien, celui d'observateurs en chute libre dans la région considérée.

22. *La loi de gravitation.* — Il restait une dernière étape à franchir. Si l'énergie est sensible au champ de gravitation, comme la masse dans la théorie newtonienne, elle doit aussi contribuer à le produire ou à le modifier. La distribution du champ de gravitation doit être déterminée par celle de l'énergie présente exactement comme Newton prévoit suivant quelle loi le champ de gravitation est déterminé par la distribution des masses attirantes. Il s'agit de trouver la relation qui doit remplacer la loi du carré de la distance traduite analytiquement par l'équation de Poisson

$$\Delta\varphi = 4\pi G\rho, \qquad (17)$$

où φ est le potentiel de gravitation, G la constante de la gravitation et ρ la densité en volume des masses attirantes.

La loi cherchée doit satisfaire, comme toutes celles de la Physique, à la condition de conserver sa forme pour un changement quelconque du système de référence. En y joignant la condition de comporter la loi de Newton comme première approximation, au même titre que la mécanique de la relativité comporte la mécanique rationnelle comme forme limite pour V infini, M. Einstein a pu déterminer exactement l'expression analytique de cette loi.

En vertu de cette loi, l'énergie présente dans

l'Univers, sous forme de matière ou de rayonnement, détermine en tout point la distribution du champ de gravitation et par suite la façon dont s'y propage la lumière. Toutes les possibilités de mesure, y compris celles de l'espace et du temps se trouvant liées à la manière dont se fait cette propagation, on voit que les propriétés même de l'espace au point de vue géométrique ou cinématique sont influencées par l'énergie présente et l'Univers réel n'est pas euclidien dans son ensemble, si l'on peut le considérer comme tel dans chaque région infiniment petite.

Le mouvement d'un point matériel libre dans cet Univers et la trajectoire d'un rayon lumineux sont déterminés d'autre part, dès que l'on connaît la distribution du champ de gravitation, par les lois générales de la mécanique et de l'optique conformes au principe de relativité généralisé. En particulier, le mouvement d'un point libre y est encore régi par la condition d'action stationnaire donnée par la formule (8), où l'élément ds d'une ligne d'univers est défini en chaque point par des observateurs en chute libre, c'est-à-dire dans l'univers euclidien tangent à ce point à l'Univers réel, comme l'arc élémentaire d'une courbe tracée sur une surface est défini par des mesures euclidiennes faites dans le plan tangent. Cette condition (8) a par conséquent le caractère d'invariance requis par le principe de relativité généralisé et l'on peut l'exprimer en disant que la ligne d'univers d'un point matériel libre est une géodésique de l'Univers réel. Le trajet d'un rayon lumineux s'obtient de manière analogue puisque la lumière doit se propager en ligne droite avec la vitesse V pour les observateurs en chute libre voisins d'un point donné quelconque du rayon. Connaissant en chaque point le champ de gravitation, on peut déterminer la courbe cherchée par cette condition qui, comme la précédente, possède évidemment un caractère d'invariance, son énoncé étant indépendant de tout système particulier de référence. Le passage d'un système quelconque à un autre aurait seulement pour effet de changer la distribution du champ de gravitation à admettre et par conséquent la forme des trajectoires ou des rayons qui en résultent, de la manière exigée par l'emploi d'axes en mouvement quelconque par rapport aux premiers.

Les résultats obtenus par M. Einstein sont d'ailleurs plus généraux encore que je ne l'indique ici, où je m'efforce surtout d'insister sur l'aspect physique des idées. Les lois obtenues restent exactes même lorsqu'on emploie pour repérer chaque événement quatre coordonnées quelconques ne correspondant plus à la décomposition de l'univers cinématique en espace et temps, exactement comme on peut employer pour repérer les points d'une surface ou d'un espace à trois dimensions un système quelconque de coordonnées curvilignes non orthogonales. Il n'est pas nécessaire de s'élever à ce degré d'abstraction pour comprendre ce qui suit.

23. *Le champ de gravitation d'un centre.* — L'application la plus immédiate de la loi, conforme au principe de relativité généralisé, suivant laquelle le champ de gravitation est déterminé, est relative au cas d'une seule masse attirante centrale comme le Soleil et au mouvement possible d'un point matériel ou au trajet d'un rayon lumineux dans le champ ainsi défini.

Il suffit pour cela de prendre les équations qui expriment la loi de distribution dans le vide et de chercher si elles admettent une solution analogue à la solution $\frac{Gm}{r}$ pour le potentiel de gravitation autour d'une masse centrale m. M. Einstein a pu les intégrer par approximations successives, et M. Schwarzschild en a donné la solution rigoureuse.

Cette solution s'exprime de la manière suivante : si l'on utilise un système de référence lié au centre attirant avec un système de coordonnées sphériques r, θ, φ pour l'espace et une mesure optique t du temps, si les coordonnées de deux événements infiniment voisins diffèrent de dr, $d\theta$, $d\varphi$, dt pour ce système de référence, le champ de gravitation est tel que l'élément de temps propre $d\tau$ ou le $\frac{ds}{V}$ pour des observateurs en chute libre dans leur univers euclidien au voisinage immédiat de ces événements est donné par

$$(18) \qquad ds^2 = V^2 d\tau^2$$
$$= \left(V^2 - \frac{2GM}{r}\right) dt^2 - \left(1 - \frac{2GM}{V^2 r}\right)^{-1} dr^2 - r^2 d\theta^2 - r^2 \sin^2 \theta d\varphi^2$$

où M représente la masse du corps attirant, du Soleil par exemple.

24. *Le mouvement des planètes.* — Partant de là, on peut facilement trouver par la condition (8) le mouvement d'un point libre lancé dans ce champ de gravitation. Il suffit de chercher les géodésiques d'une multiplicité à quatre dimensions ayant l'élément d'arc donné en fonction des coordonnées par la formule (8). Le calcul est très simple et donne pour résultat un mouvement analogue à celui fourni par la loi de Newton mais un peu plus complexe. Au lieu d'une ellipse fixe (dans le cas où la trajectoire reste à distance finie), on trouve une ellipse qui tourne dans son plan autour du centre d'attraction avec une vitesse angulaire (mouvement du périhélie) donnée en fraction de tour par période par la formule

$$\delta\omega = \frac{3GM}{aV^2(1-e^2)}, \tag{19}$$

où a est le demi-grand axe de l'ellipse, e son excentricité.

En donnant aux constantes les valeurs suivantes, qui correspondent au Soleil comme centre d'attraction et aux éléments a et e de la planète Mercure :

$$\frac{GM}{V^2} = 1{,}47.10^5, \qquad a = 5{,}85.10^{12}, \qquad e = 0{,}21$$

et en prenant 88 jours pour la durée de révolution, on trouve au moyen de la formule (19) une rotation du périphélie de 42''9 *par siècle.*

25. *Le mouvement de Mercure.* — Or la planète Mercure, depuis bientôt un siècle que Le Verrier en a établi la théorie, fait le désespoir des astronomes par suite d'un désaccord entre le mouvement observé de son périhélie et les prévisions de la mécanique céleste de Newton en tenant compte des perturbations dues aux autres planètes, Vénus en particulier. Ce désaccord est exactement de 43 secondes d'arc par siècle, et l'on a vainement tenté de l'expliquer par l'hypothèse de planètes intramercurielles que les astronomes ont cherché à voir passer sur le disque du Soleil. Il est tout à fait remarquable que, sans introduction d'aucune hypothèse ou constante arbitraire, par le développement nécessaire de l'idée fondamentale, la théorie de relativité généralisée apporte la solution si longtemps cherchée.

La nouvelle mécanique céleste fondée sur la loi de gravitation représentée par l'ensemble des formules (8) et (18) se développe en ce moment de divers côtés. Elle n'introduit aucune difficulté en ce qui concerne les planètes autres que Mercure et semble devoir également combler les lacunes qui subsistaient dans la théorie de la Lune conforme à l'ancienne mécanique céleste.

26. *La déviation de la lumière.* — La formule (18) permet, comme je l'ai indiqué, de trouver le trajet d'un rayon lumineux qui reste déterminé par la condition de Fermat ou de temps minimum. On n'obtient pas une ligne droite, mais une trajectoire incurvée vers le centre d'attraction, avec une déviation totale donnée par l'expression

$$\alpha' = \frac{4GM}{RV^2} \tag{20}$$

double exactement, comme je l'ai déjà dit, de la valeur donnée par la formule (16).

On prévoit ainsi pour une étoile vue près du bord du Soleil une déviation vers l'extérieur égale à 1''74 et variant en raison inverse de la distance au centre du Soleil pour les étoiles plus éloignées.

Les astronomes anglais de Greenwich et d'Oxford ont organisé de manière remarquable deux expéditions destinées à vérifier l'exactitude de ce résultat en profitant de l'éclipse totale qui devait avoir lieu le 29 mai 1919.

La zone de totalité traversait l'Atlantique au voisinage de l'Équateur, commençant dans l'Amérique du Sud, pour finir en Afrique. Les conditions étaient particulièrement favorables, plusieurs étoiles brillantes devant être voisines du Soleil pendant l'éclipse.

Une première expédition se rendit à Sobral, au Brésil et réussit à prendre une dizaine de photographies pendant les 5 ou 6 minutes que dura la totalité. L'éclipse ayant eu lieu le matin, le mouvement rétrograde du

Soleil par rapport aux étoiles fit en sorte qu'au bout de deux mois environ la même région du ciel fut visible de nuit et put être de nouveau photographiée avec les mêmes appareils pour permettre la comparaison. Le déplacement moyen ramené au bord du Soleil fut trouvé égal à 1''98. L'autre expédition s'installa dans la petite île portugaise de Principe, sur la côte ouest d'Afrique et rencontre des conditions moins favorables, le ciel ne s'étant découvert qu'aux derniers instants de l'éclipse. Néanmoins les clichés obtenus ont donné pour la déviation ramenée au bord en tenant compte de la relation (20) la valeur 1''60±0''3.

Il est remarquable que la moyenne entre les résultats des deux expéditions, 1''79, coïncide exactement avec la valeur prévue. L'accord existe non seulement en moyenne, mais aussi dans les déplacements individuels observés sur les diverses étoiles et qui varient suivant la loi prévue avec leur distance au centre du Soleil.

La déviation en raison inverse de la distance au centre du Soleil, avec la grandeur exactement conforme au chiffre prévu, ne peut d'ailleurs pas s'expliquer par l'hypothèse d'une réfraction due à l'existence d'une atmosphère ou de matière cosmique autour du Soleil, et s'étendant jusqu'aux distances pour lesquelles les mesures ont été faites.

Il est facile, en effet, de chercher quelle densité devrait avoir une telle atmosphère pour produire l'effet observé en la supposant constituée par les gaz dont nous connaissons l'existence à la surface du Soleil. On trouve ainsi que la densité, à une distance du bord du Soleil égale à son rayon, devrait être égale environ au centième de la densité de notre atmosphère terrestre au voisinage du sol. L'énormité des distances traversées à travers un tel milieu par la lumière venant des étoiles vues au voisinage du Soleil est telle que, par diffusion analogue à celle qui donne le bleu du ciel, cette lumière serait considérablement affaiblie dans sa direction primitive. Au contraire, l'expérience montre que l'éclat des étoiles n'est pas modifié de manière appréciable par la proximité du Soleil.

D'autre part, des comètes ont été suivies dans ces régions et n'ont manifesté aucun ralentissement sensible alors que la matière si ténue qui les compose éprouverait une résistance énorme au passage de la part d'une atmosphère de cette densité.

Voici donc une série de faits expérimentaux qui imposent à l'attention de tous la théorie de relativité. Sa pleine intelligence demande un grand effort : il faut se dégager d'habitudes ancestrales dont notre langage est tout imprégné ; il faut remanier ces catégories du temps et de l'espace que nous considérions comme des formes nécessaires de notre pensée. Nous ne devons pas être surpris de constater que des moyens d'investigation expérimentale plus précis nous conduisent à cette nécessité : nos idées sont formées par l'expérience du passé, personnelle ou héréditaire, et leur adaptation progressive aux faits, douloureuse parfois mais toujours saine et fortifiante, ne saurait être éludée.

TABLE DES MATIÈRES

I

La Relativité restreinte.

II

La Relativité généralisée.

IMP. HERBERT CLARKE 338, RUE ST. HONORÉ, PARIS.

Pour paraître dans la même Collection.

Etienne RABAUD

L'ADAPTATION ET L'ÉVOLUTION

L'idée d'évolution est actuellement acceptée par les esprits animés des tendances les plus diverses ; mais le débat, qui fut si vif dans la seconde moitié du XXe siècle, n'a pas pris fin pour cela. Les tendances opposées se retrouvent quand il s'agit du mécanisme de l'évolution et les mêmes discussions renaissent sous une forme un peu différente. A la base de l'évolution se trouve nécessairement l'adaptation, et c'est sur elle que porte le principal effort. Les uns soutiennent l'adaptation lamarckienne, d'autres l'adaptation darwinienne, d'autres tentent de faire triompher la *préadaptation* que l'on peut entendre de plusieurs façons.

La question valait d'être reprise. C'est ce que M. Etienne Rabaud, professeur à la Sorbonne, s'est proposé de faire. Sous le titre de « *L'Adaptation et l'Evolution* » il examine les théories proposées et constate qu'aucune d'elles ont satisfait aux données du problème, car toutes sont, presque exclusivement, des théories morphologiques. Envisageant alors le point de vue physiologique, l'auteur montre que l'adaptation n'implique ni formes, ni fonctions spéciales, qu'elle se réduit de la seule possibilité de vivre. Prise de ce biais, l'évolution devient intelligible et se dégage de toute finalité.

Un volume in-8 : **Prix : 7 fr. 50**

OUVRAGES DE PHILOSOPHIE

EN VENTE A LA MÊME LIBRAIRIE

HENRI POINCARÉ
DES FONDEMENTS DE LA GÉOMÉTRIE
Un volume in-8 carré. . . . . **3 »**

PAUL LANGEVIN
LE PRINCIPE DE RELATIVITÉ
Un volume in-8 carré . . . . **3 »**

LAPLACE
ESSAI PHILOSOPHIQUE SUR LES PROBABILITÉS
Un volume in-16 double-coquille **7 50**

LOUIS ROUGIER
EN MARGE DE CURIE, DE CARNOT ET D'EINSTEIN
Un volume in-16 double-couronne **7 50**

CHARLES-EUGÈNE GUYE
L'ÉVOLUTION PHYSICO-CHIMIQUE
Un volume in-8 carré . . . . **5 »**

ÉTIENNE RABAUD
L'ADAPTATION ET L'ÉVOLUTION
Un volume in-8 carré. . . . . **6 »**

EDME TASSY
LA PHILOSOPHIE CONSTRUCTIVE
Un volume in-16 double-couronne . . . . **10 »**

RODRIGUES
BERGSONISME ET MORALITÉ
Un volume in-16 double-couronne . . . . . **5 »**

P. DROSNE
LA STRUCTURE DE LA MATIÈRE,
DE L'ÉNERGIE ET DE L'ESPACE PHYSIQUE
Un volume in-16 double couronne **7.50**

IMP. HERBERT CLARKE, 338, RUE SAINT-HONORÉ, PARIS

ERRATA

Page 15, 2e formule, lire :

$$\beta = \frac{v}{V}$$

Page 18, formule (3), dernière ligne, lire :

$$t = \frac{1}{\sqrt{1 - \beta^2}} \left(t' + \frac{v x'}{V^2} \right)$$

Page 39, formule (12), lire :

$$m = \frac{E}{V}$$

Page 39, 10e ligne, au lieu de :

Si E est l'énergie

lire : Si E_0 est l'énergie

www.ingramcontent.com/pod-product-compliance
Ingram Content Group UK Ltd.
Pitfield, Milton Keynes, MK11 3LW, UK
UKHW021312190726
13839UKWH00007B/1186